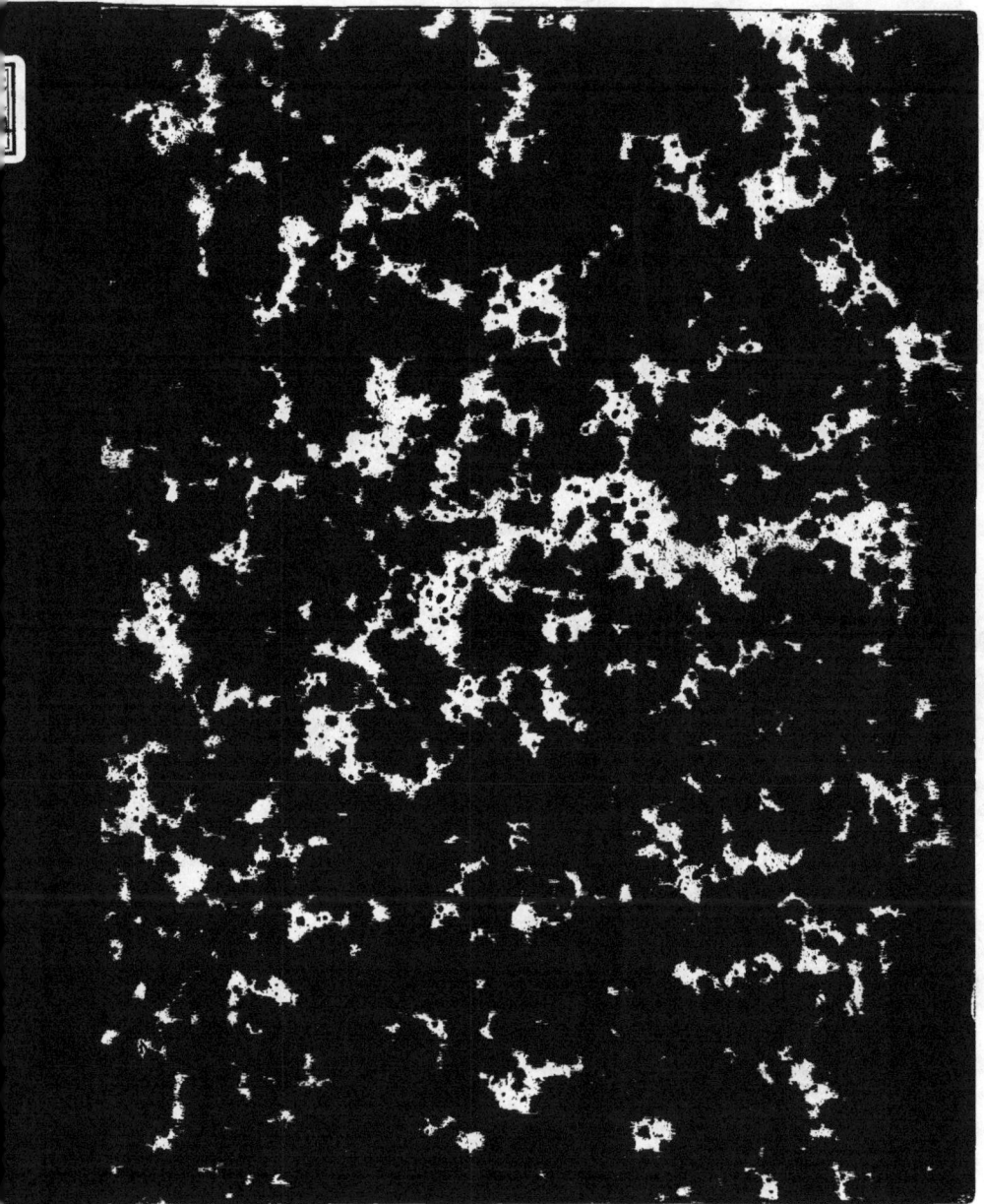

V

V2551. (Le texte est 8: V2551.)
Cf. 2.   Cf. 1.

11980

RÉSUMÉ

DE FORTIFICATION

A L'USAGE DES OFFICIERS D'INFANTERIE.

Imprimerie de Cosse et J. Dumaine, rue Christine, 2.

RÉSUMÉ

DE

FORTIFICATION

A L'USAGE DES OFFICIERS D'INFANTERIE,

Par J. ZACCONE,

CAPITAINE D'INFANTERIE, RÉPÉTITEUR DES COURS DE FORTIFICATION A L'ÉCOLE MILITAIRE DE SAINT-CYR.

ATLAS.

PARIS.

LIBRAIRIE MILITAIRE DE J. DUMAINE,

(ANCIENNE MAISON ANSELIN.)

Rue et Passage Dauphine, 36.

1849.

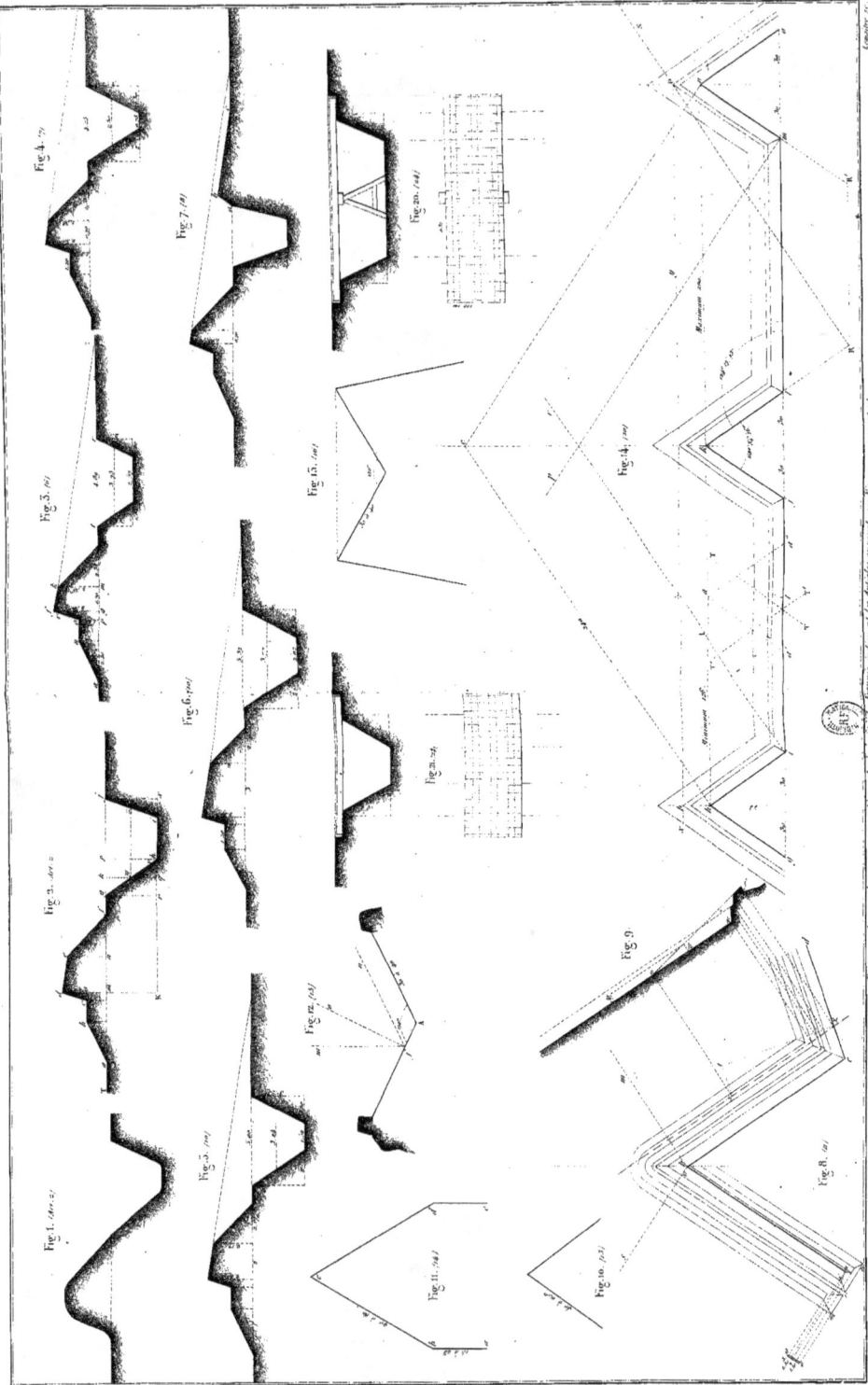

Fig. 1. Fig. 2. Fig. 3. Fig. 4.

Fig. 5. Fig. 6. Fig. 7.

Fig. 8. Fig. 9. Fig. 10. Fig. 11. Fig. 12. Fig. 13. Fig. 14.

Fig. 20. Fig. 21.

Note. Les nombres qui parviennent, placés à côté des figures, indiquent les détails auxquels ces figures se rapportent.

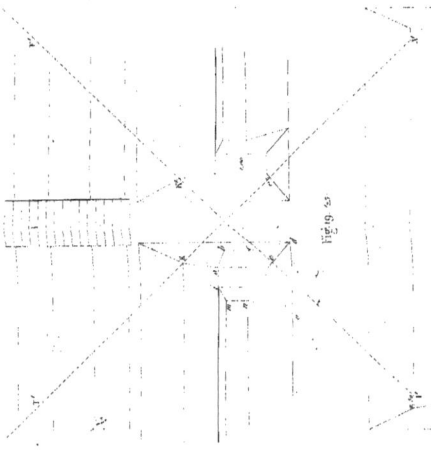

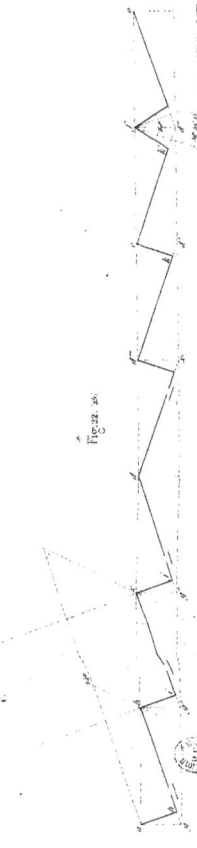

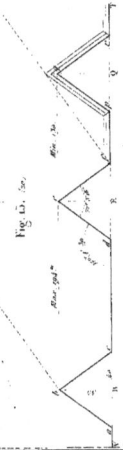

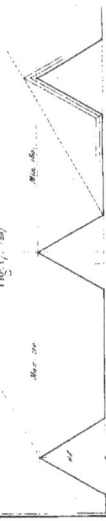

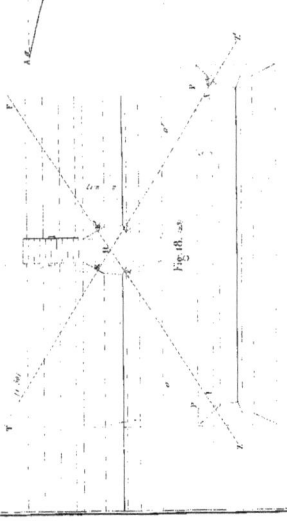

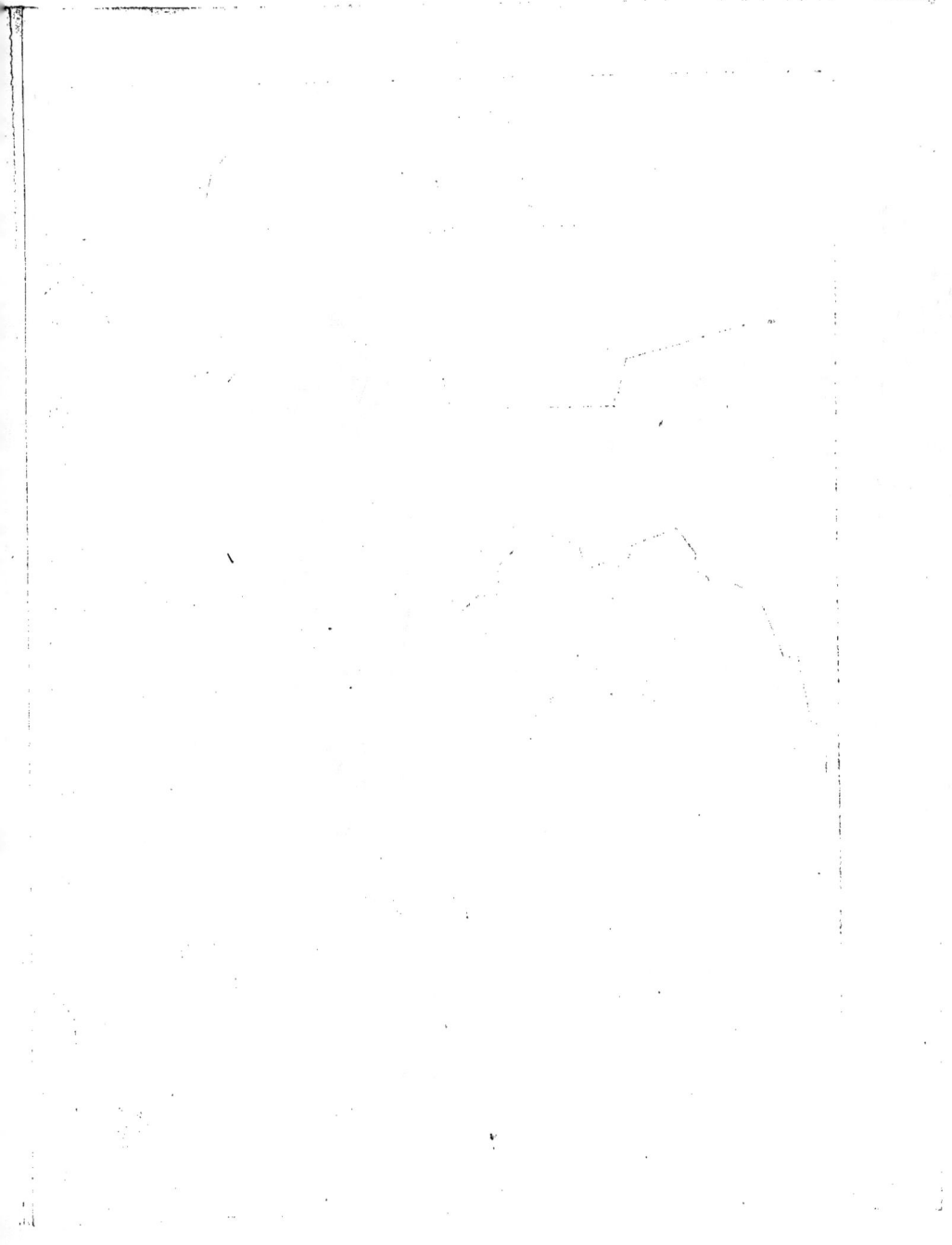

Pl. 3.

Fig. 29. (*bis*)

Fig. 27. (*bis*)

Fig. 28. (*bis*)

Fig. 30. (*bis*)

Fig. 29.*bis* (*bis*)

Fig. 31. (*bis*)

Profil suivant IK.

Profil suivant GH.

Profil suivant AB.

Profil suivant CD.

Profil suivant EF.

Profil suivant NW.

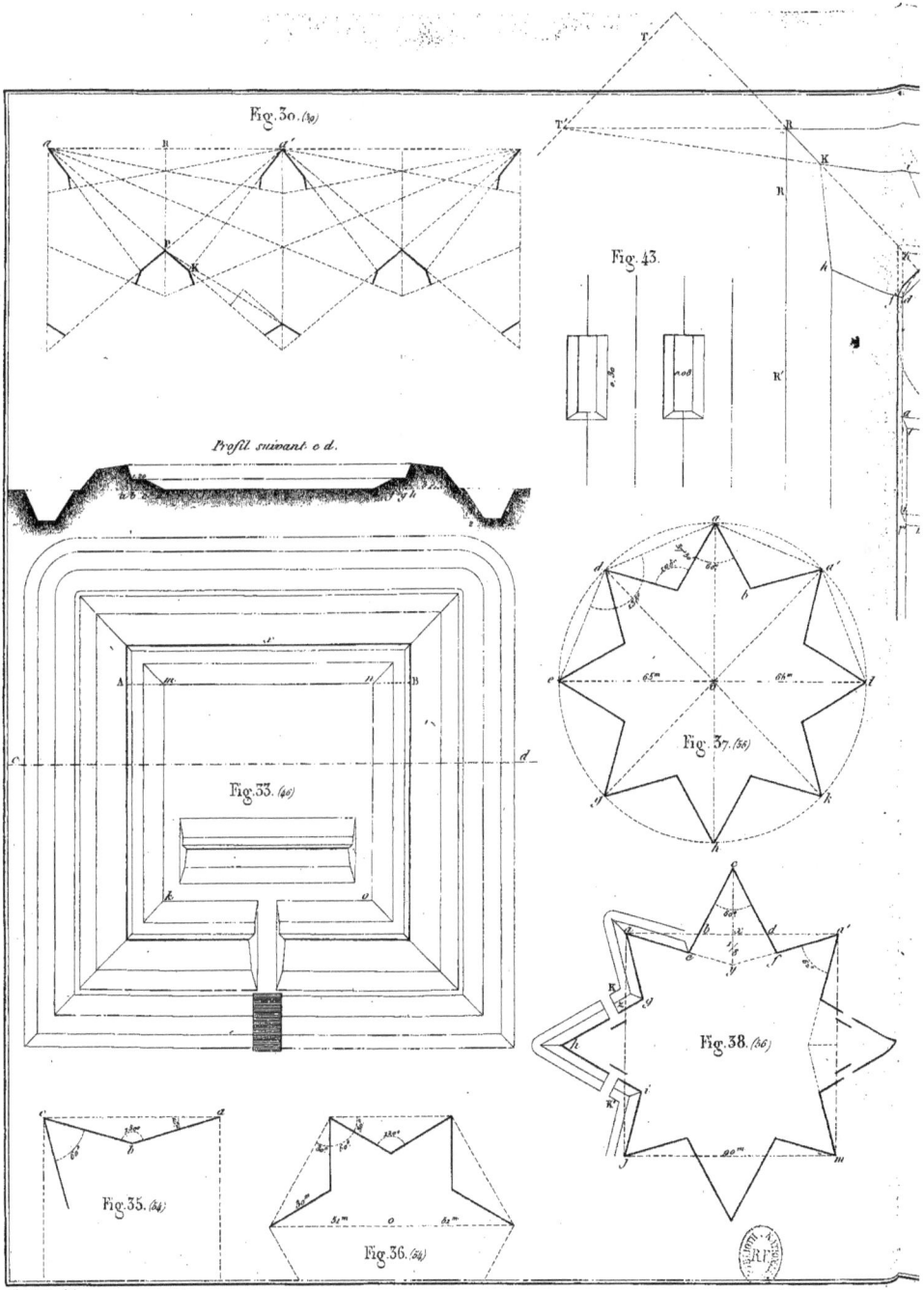

Fig. 30. (39)

Fig. 43.

Profil suivant c d.

Fig. 33. (40)

Fig. 37. (35)

Fig. 38. (36)

Fig. 35. (34)

Fig. 36. (33)

Lavrone del.

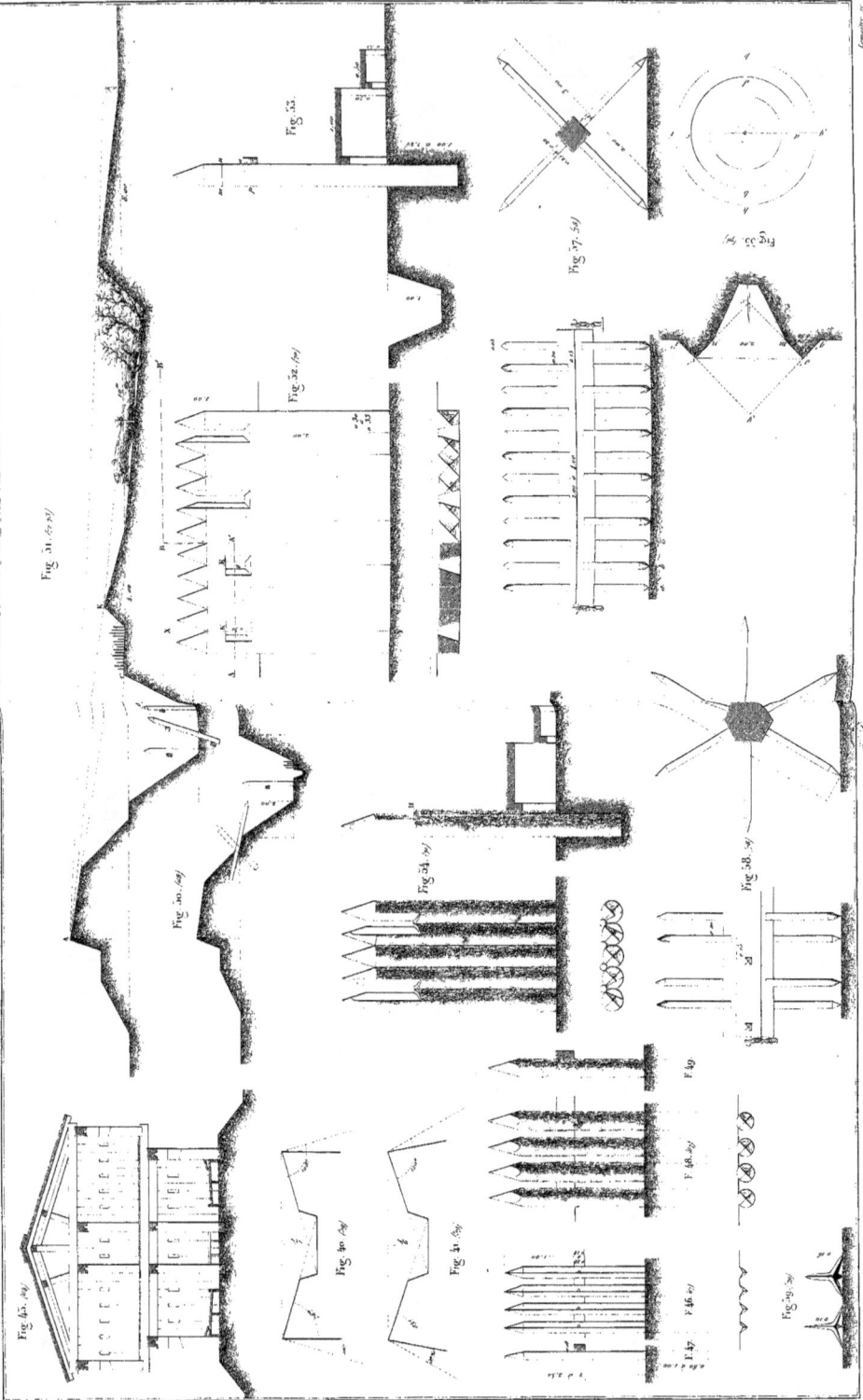

Pl. 5.

Fig. 31. (+ 2)

Fig. 33.

Fig. 32. (12)

Fig. 37. 54)

Fig. 35. (7)

Fig. 45. (15)

Fig. 30. (18)

Fig. 34. (15)

Fig. 38. (8)

Fig. 40. (14)

Fig. 41. (18)

F. 48. (14)

F. 49.

F. 46. (14)

F. 47.

Fig. 39. (14)

Fig. 63. (a)

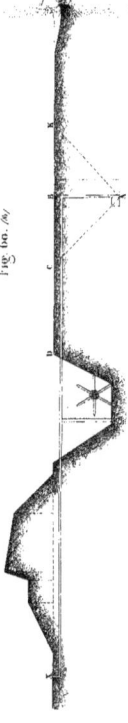

Fig. 60. (b)

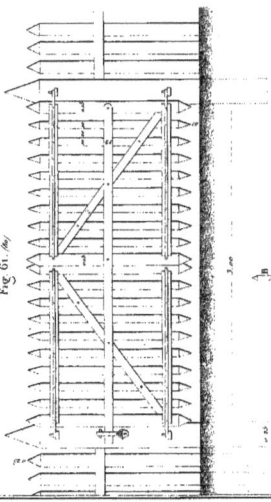

Fig. 61. (b)

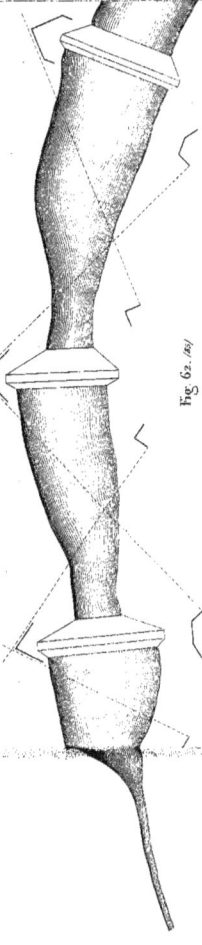

Fig. 62. (b)

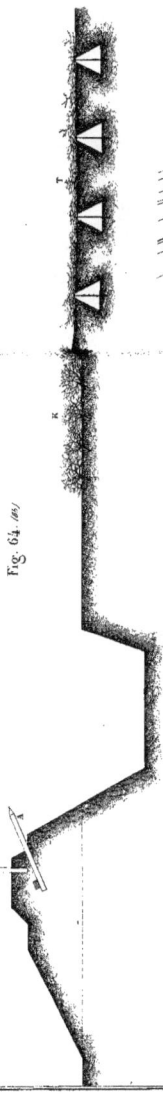

Fig. 64. (b)

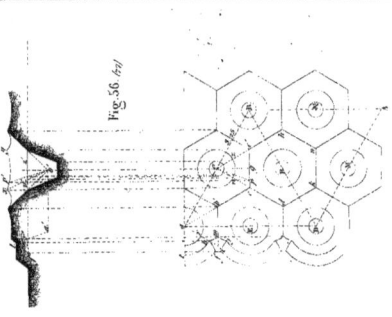

Fig. 56. (a)

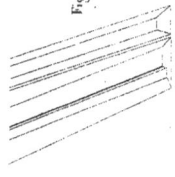

Fig. 68.

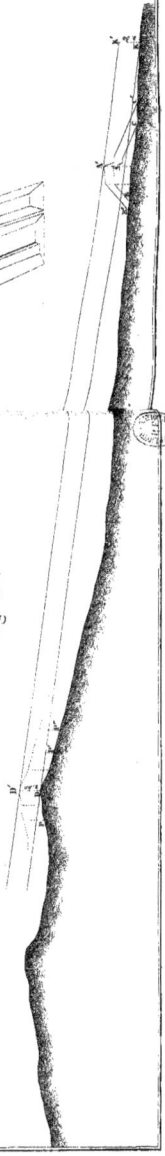

Fig. 65. (b)

Zorrone del.

Lemaître sc.

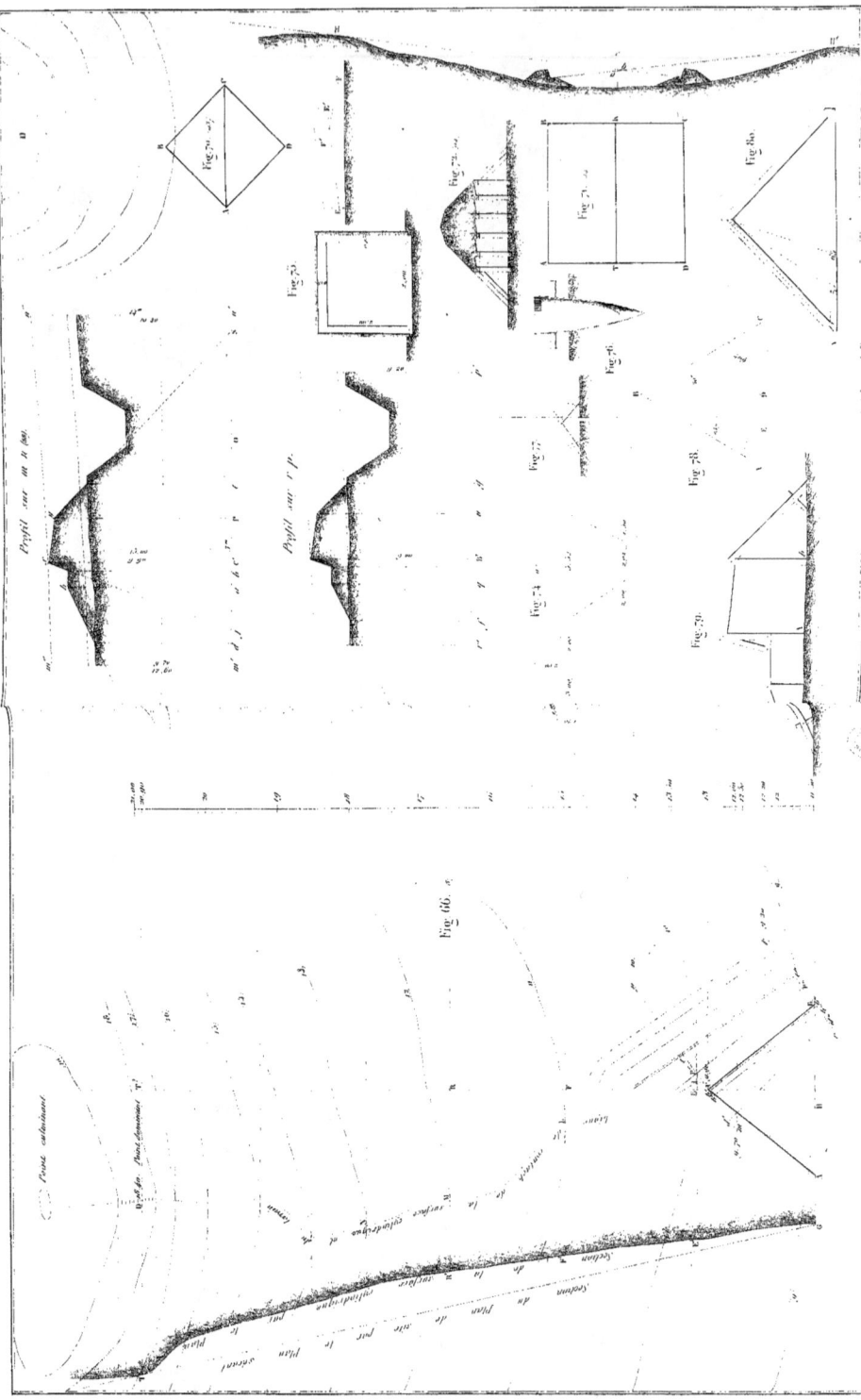

Pl. 7.

Profil sur m n op.

Fig. 79.

Profil sur r p.

Fig. 73.

Fig. 77.

Fig. 75.

Fig. 76.

Fig. 74.

Fig. 78.

Fig. 79.

Fig. 80.

Fig. 66.

Lenormand del.

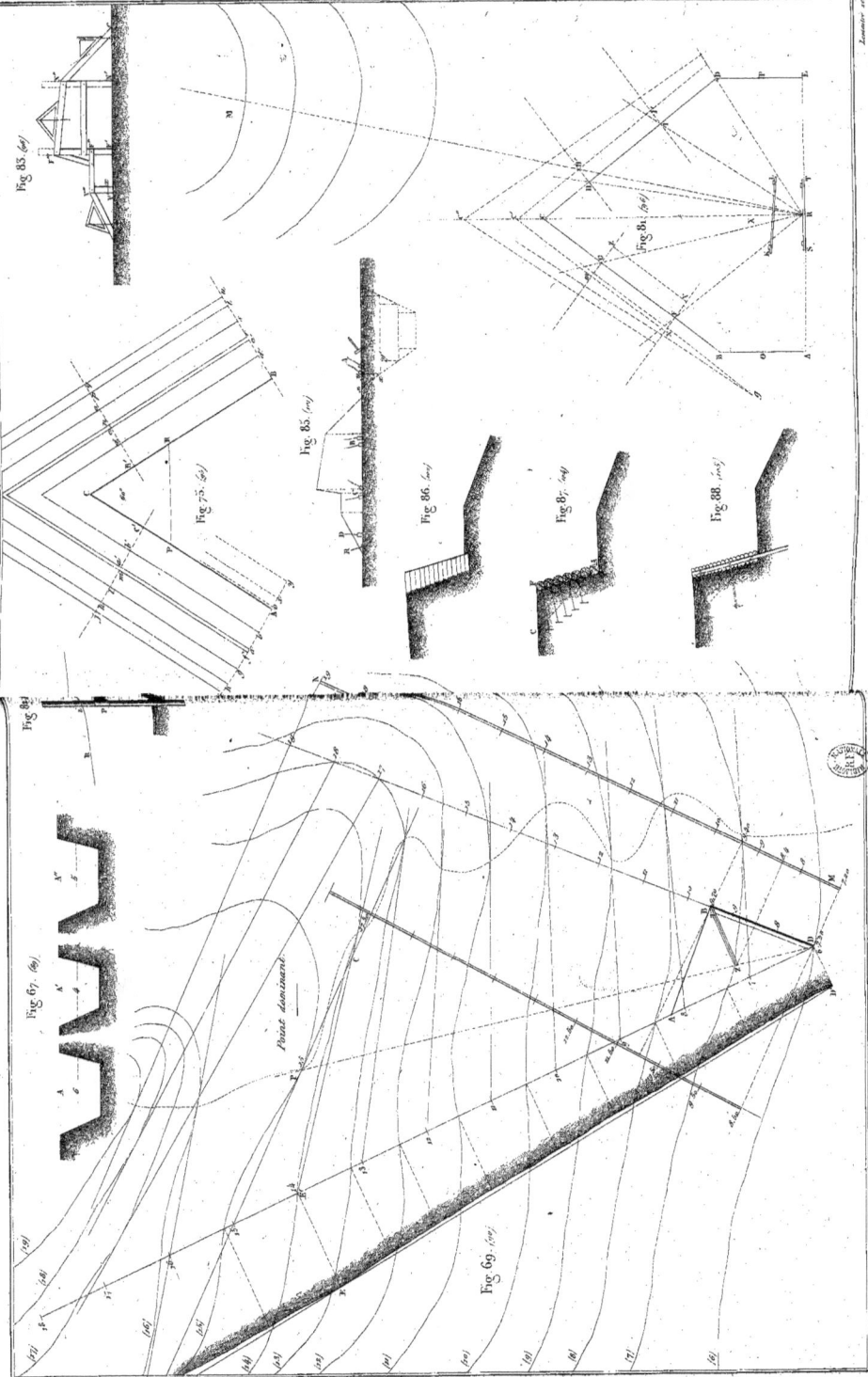

Pl. 8.

Fig. 83. (90)

Fig. 75. (94)

Fig. 85. (101)

Fig. 86. (103)

Fig. 87. (104)

Fig. 88. (105)

Fig. 84. (96)

Fig. 67. (84)

Fig. 69. (101)

Point dominant.

Fig. 64

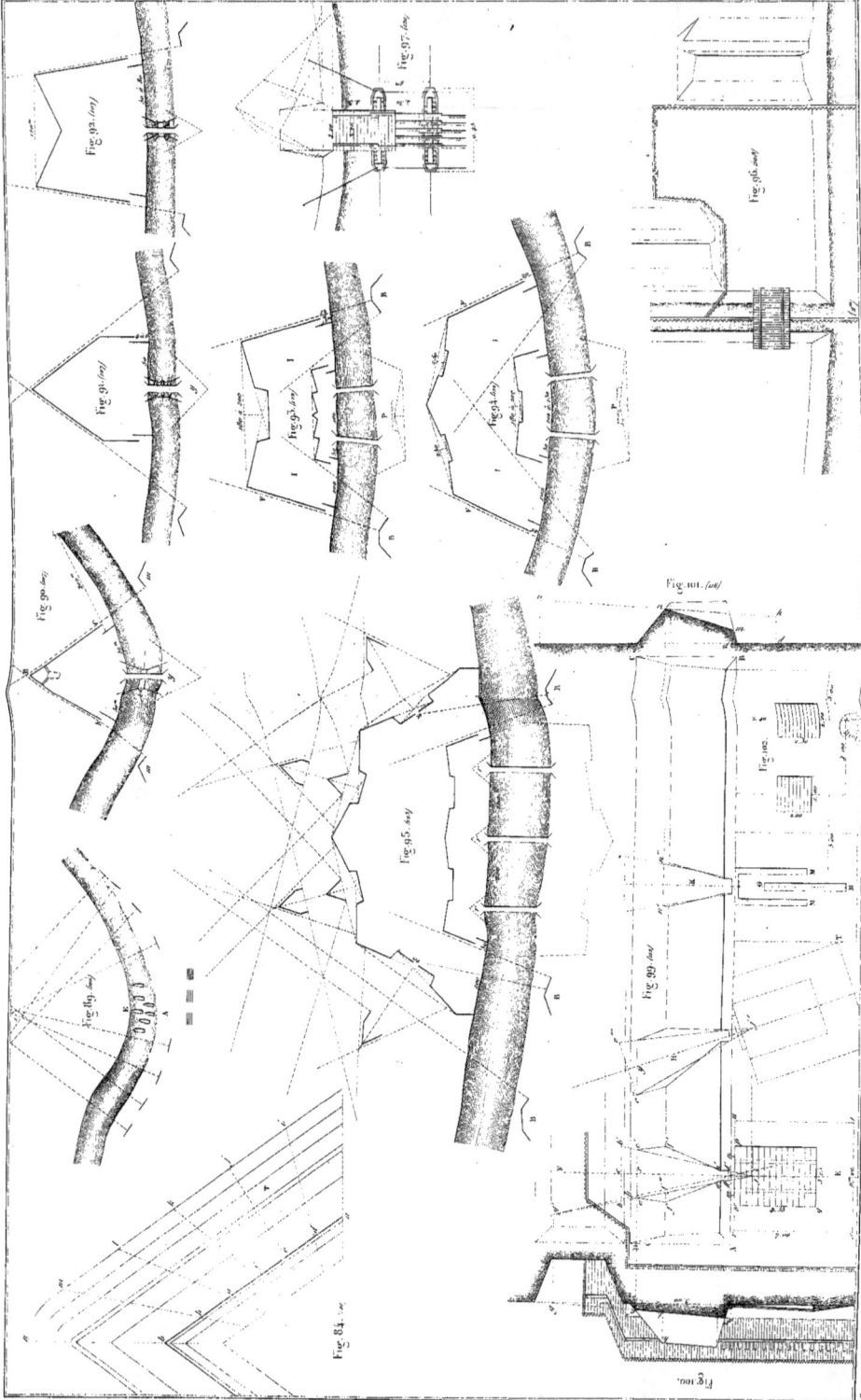

Pl. 9.

Fig. 92. (bis)

Fig. 93. (ter)

Fig. 91. (ter)

Fig. 97. (bis)

Fig. 96. (bis)

Fig. 90. (ter)

Fig. 94. (bis)

Fig. 93. (bis)

Fig. 95. (bis)

Fig. 101. (bis)

Fig. 102.

Fig. 89. (bis)

Fig. 99. (bis)

Fig. 84. (bis)

Fig. 100.

Lecomte del.

Pl. 10

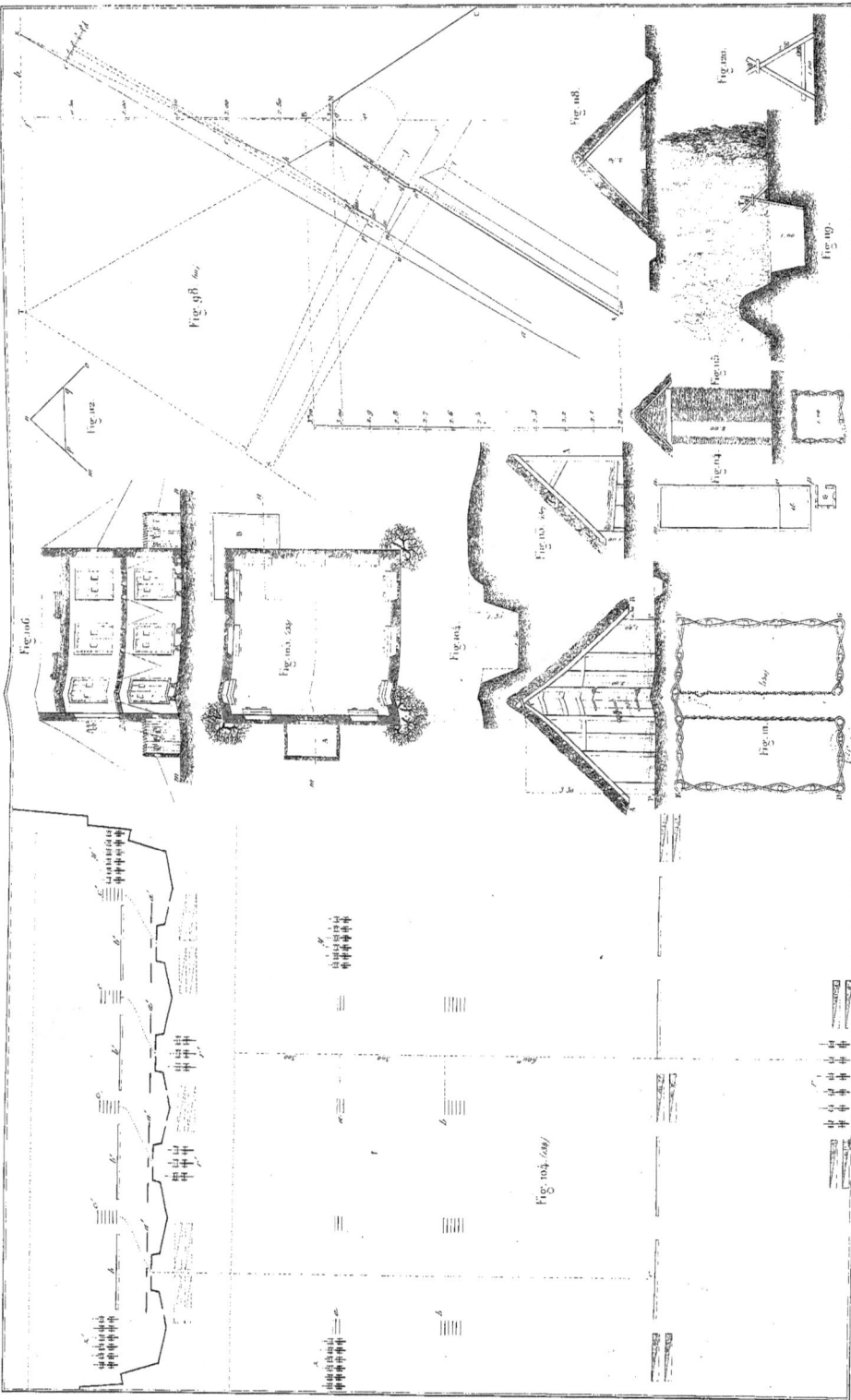

Fig. 98 (bis)

Fig. 102

Fig. 106

Fig. 103 (bis)

Fig. 104

Fig. 105

Fig. 108

Fig. 110

Fig. 109

Fig. 111

Fig. 112

Fig. 113 (ter)

Fig. 114

Fig. 115

Fig. 116

Fig. 104 (bis)

Pl. 11.

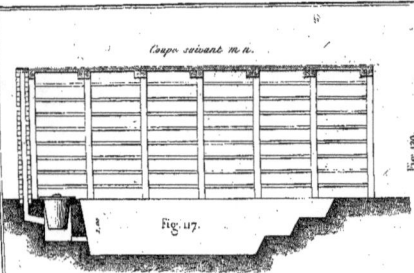

Coupe suivant m n.

Fig. 117.

Fig. 119.
Coupe prenant CD.

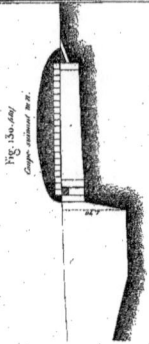

Fig. 130.
Coupe prenant m n.

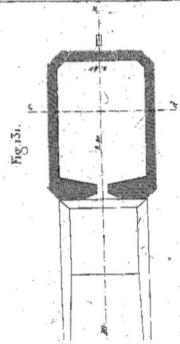

Fig. 131.

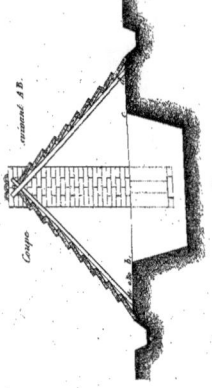

Coupe
sectionnel AB.

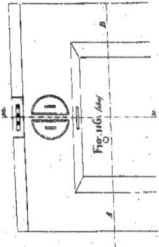

Fig. 126.

Fig. 122.

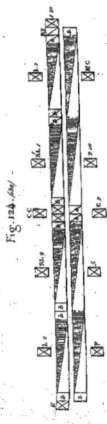

Fig. 124.

Fig. 125.

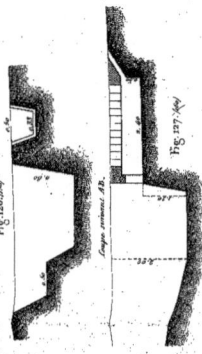

Fig. 127.

Fig. 126.

Coupe prenant AB.

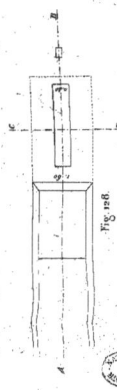

Fig. 128.

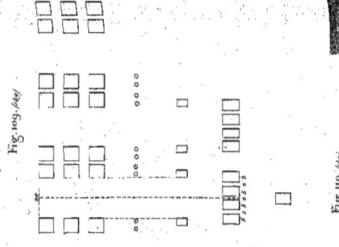

Fig. 109.

Fig. 107.

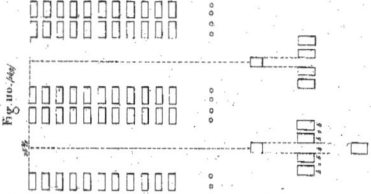

Fig. 110.

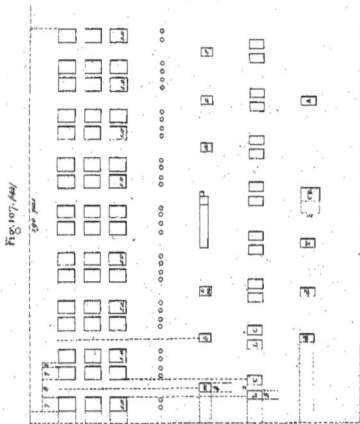

Fig. 108.

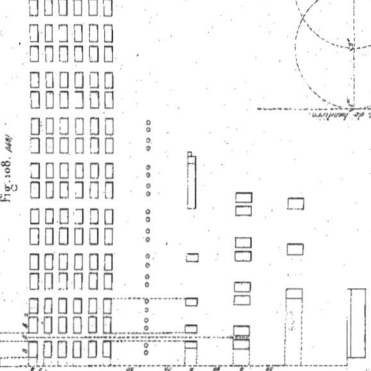

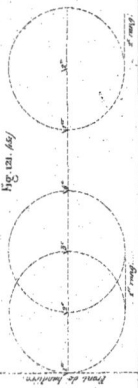

Fig. 121.

Front de bandière.

Pl. 12.

Fig. 133.

Fig. 134.

Fig. 132.

Fig. 136.

Fig. 135.

Fig. 148.

Fig. 150.

Fig. 151.

Fig. 153.

Fig. 149.

Fig. 152.

Fig. 155.

Fig. 157.

Fig. 154.

Fig. 156.

Fig. 147.

Fig. 145.

Fig. 146.

Fig. 123.

Chemins des arrivées.

En arrière.

Chemins des conducteurs.

Parc.

Fig. 125.

Fig. 137.

Fig. 139.

Fig. 141.

Fig. 143.

Fig. 144.

Fig. 140.

Fig. 142.

Fig. 138.

Lacoine del.

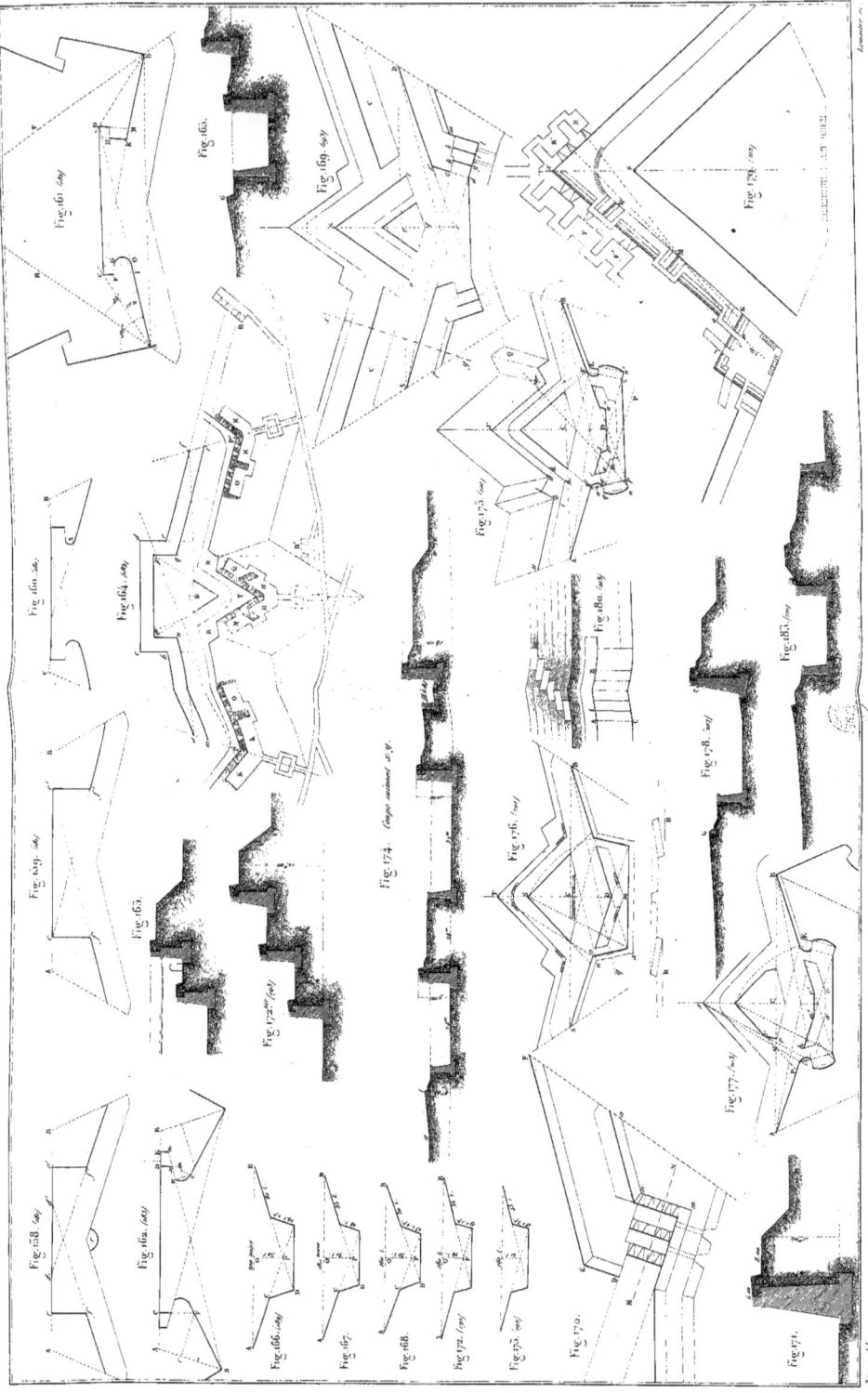

Pl. 15.

Fig. 158. *(suite)*

Fig. 159. *(suite)*

Fig. 160. *(suite)*

Fig. 161. *(suite)*

Fig. 162. *(suite)*

Fig. 163.

Fig. 164. *(suite)*

Fig. 165.

Fig. 166. *(suite)*

Fig. 167.

Fig. 168.

Fig. 169. *(suite)*

Fig. 170.

Fig. 171.

Fig. 172. *(suite)*

Fig. 172 bis *(suite)*

Fig. 173. *(suite)*

Fig. 174. Coupe suivant x y.

Fig. 175. *(suite)*

Fig. 176. *(suite)*

Fig. 177. *(suite)*

Fig. 178. *(suite)*

Fig. 179. *(suite)*

Fig. 180. *(suite)*

Fig. 181. *(suite)*

Fig. 182. *(suite)*

Fig. 183. *(suite)*

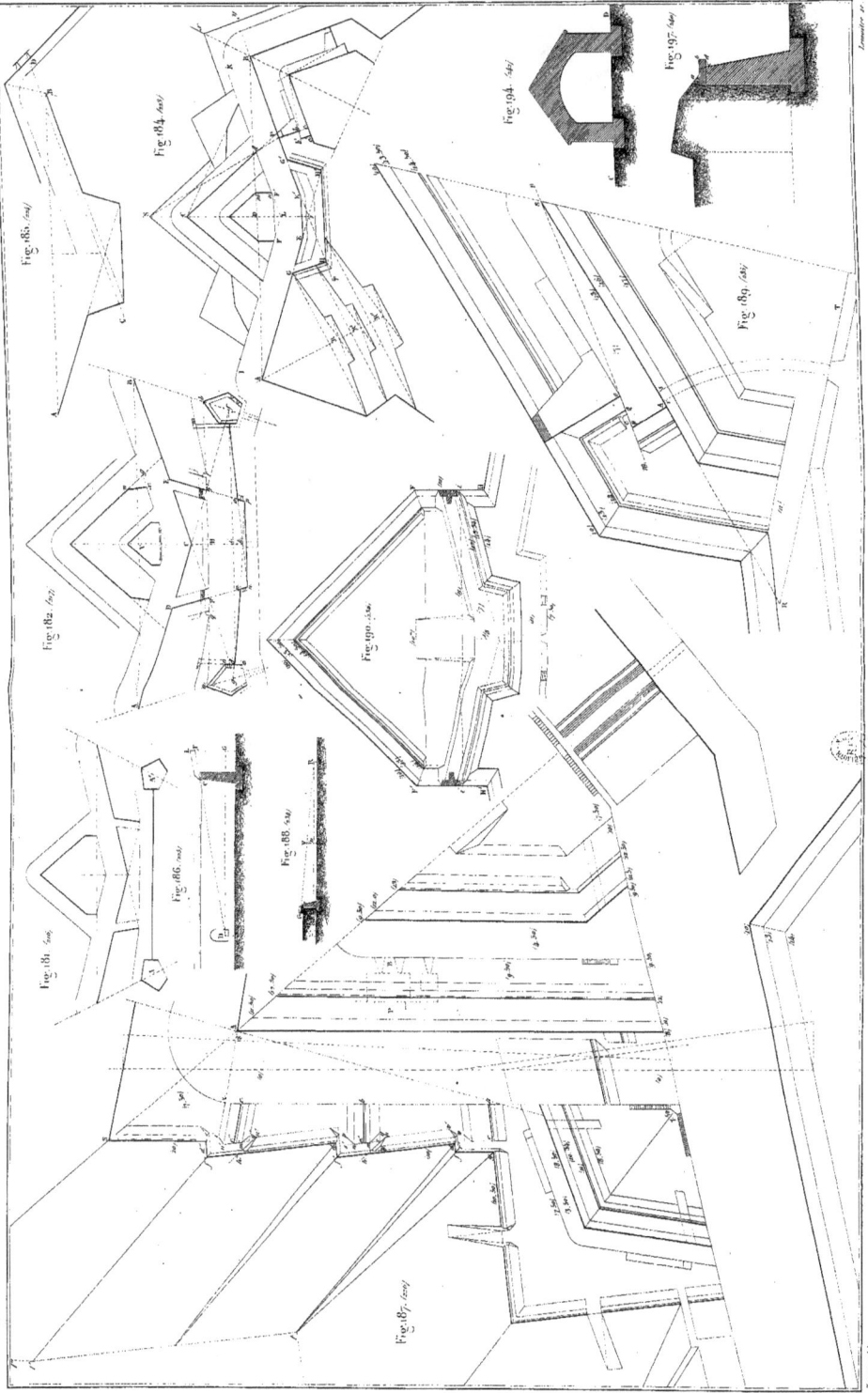

Pl. 12

Fig. 181. (bis)

Fig. 182. (ter)

Fig. 184. (bis)

Fig. 186. (bis)

Fig. 187. (ter)

Fig. 188. (bis)

Fig. 189. (bis)

Fig. 190. (bis)

Fig. 194. (bis)

Fig. 197. (bis)

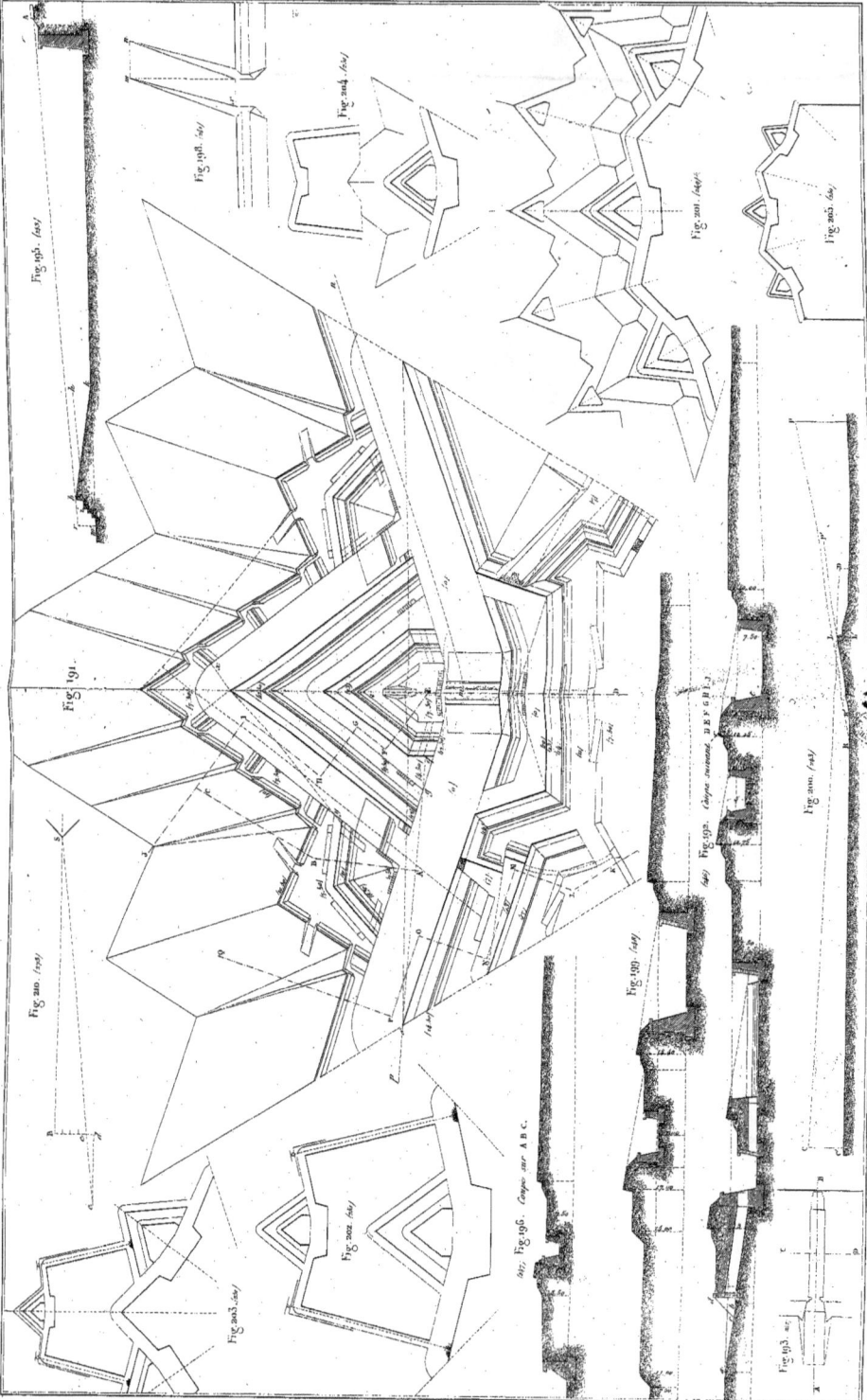

Pl. 15.

Fig. 195.

Fig. 197.

Fig. 198.

Fig. 204.

Fig. 201.

Fig. 205.

Fig. 191.

Fig. 200.

Fig. 199.

Fig. 193. Coupe suivant D E F G H J.

Fig. 210.

Fig. 203.

Fig. 202.

Fig. 196. Coupe sur A B C.

Fig. 192.

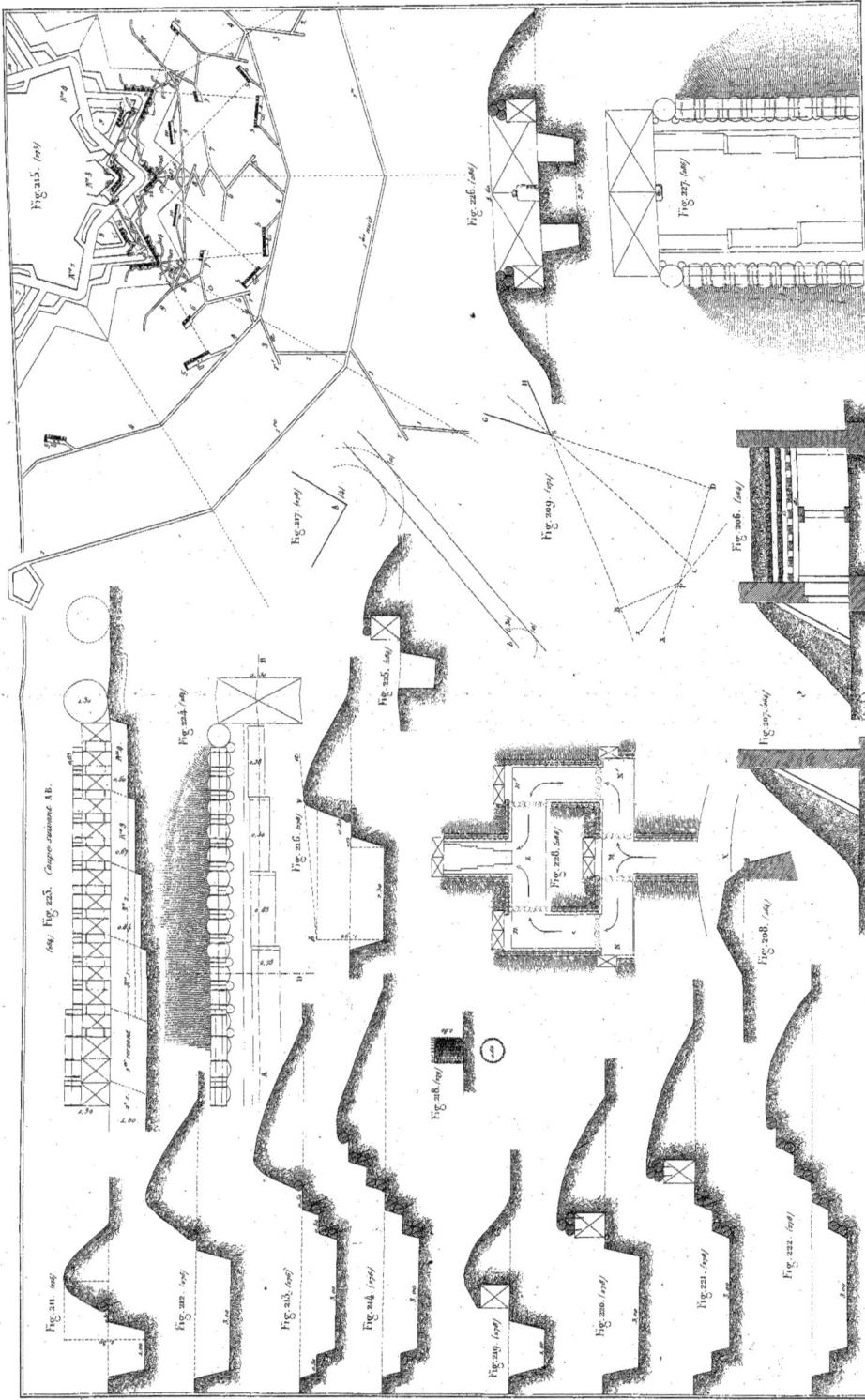

Fig. 215. (195)

Fig. 216. (196)

Fig. 227. (207)

Fig. 206. (206)

Fig. 229. (199)

Fig. 205. (195)

Fig. 216. (196)

Fig. 208. (204)

Fig. 217. (203)

Fig. 208. (195)

Fig. 224. (194)

Fig. 223. Coupe suivant AB. (194)

Fig. 218. (197)

Fig. 211. (192)

Fig. 212. (192)

Fig. 213. (193)

Fig. 214. (193)

Fig. 219. (198)

Fig. 220. (198)

Fig. 221. (198)

Fig. 222. (198)

Lavanne del.

Lemaître sc.

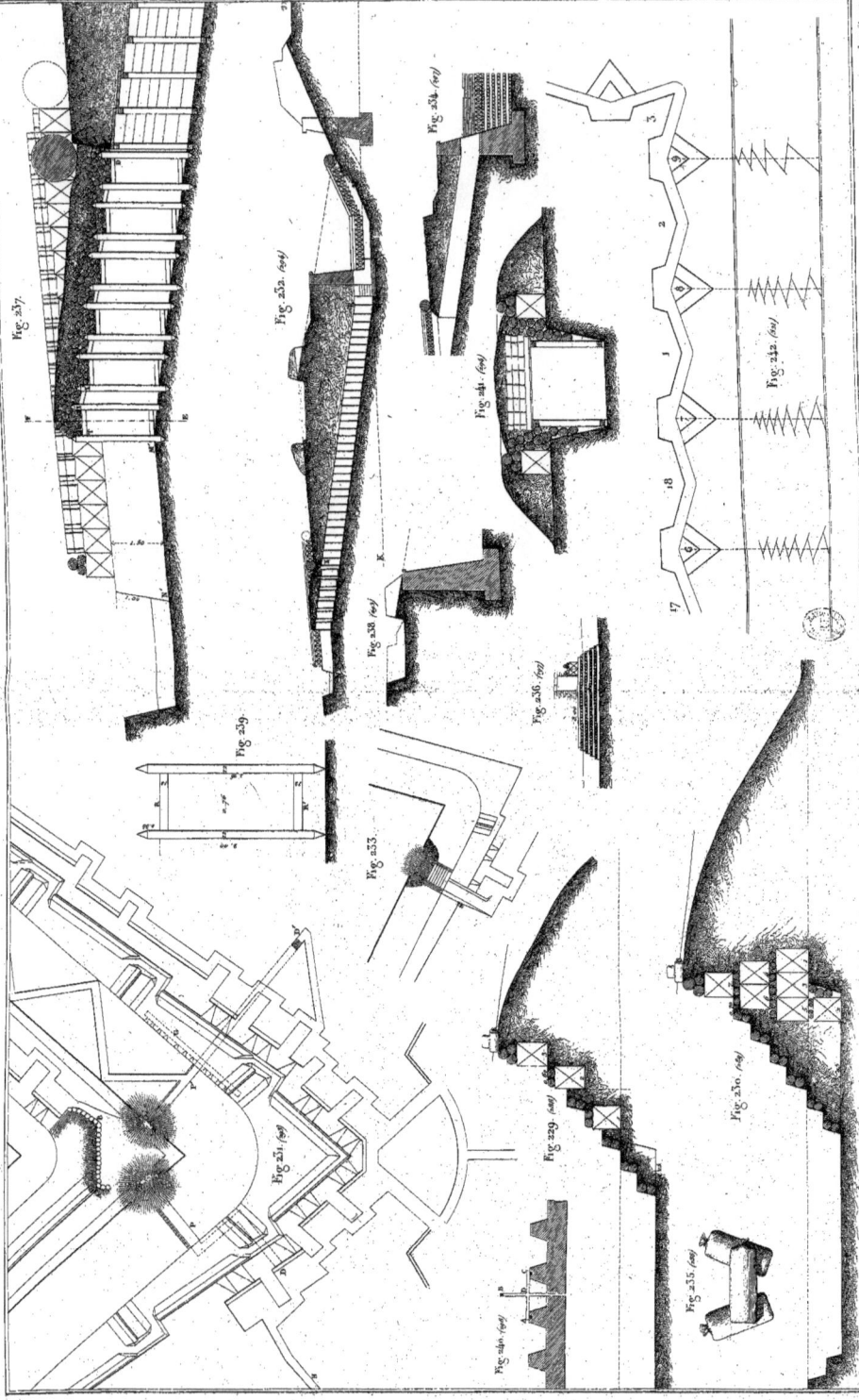

Pl. 17.

Fig. 237.

Fig. 252. (109)

Fig. 234. (109)

Fig. 241. (109)

Fig. 242. (109)

3
9
2
8
1
7
18
6
17

Fig. 259.

Fig. 238. (109)

Fig. 236. (109)

Fig. 253.

Fig. 251. (108)

Fig. 229. (109)

Fig. 239. (109)

Fig. 235. (109)

Fig. 230. (109)

Lamartine sc.

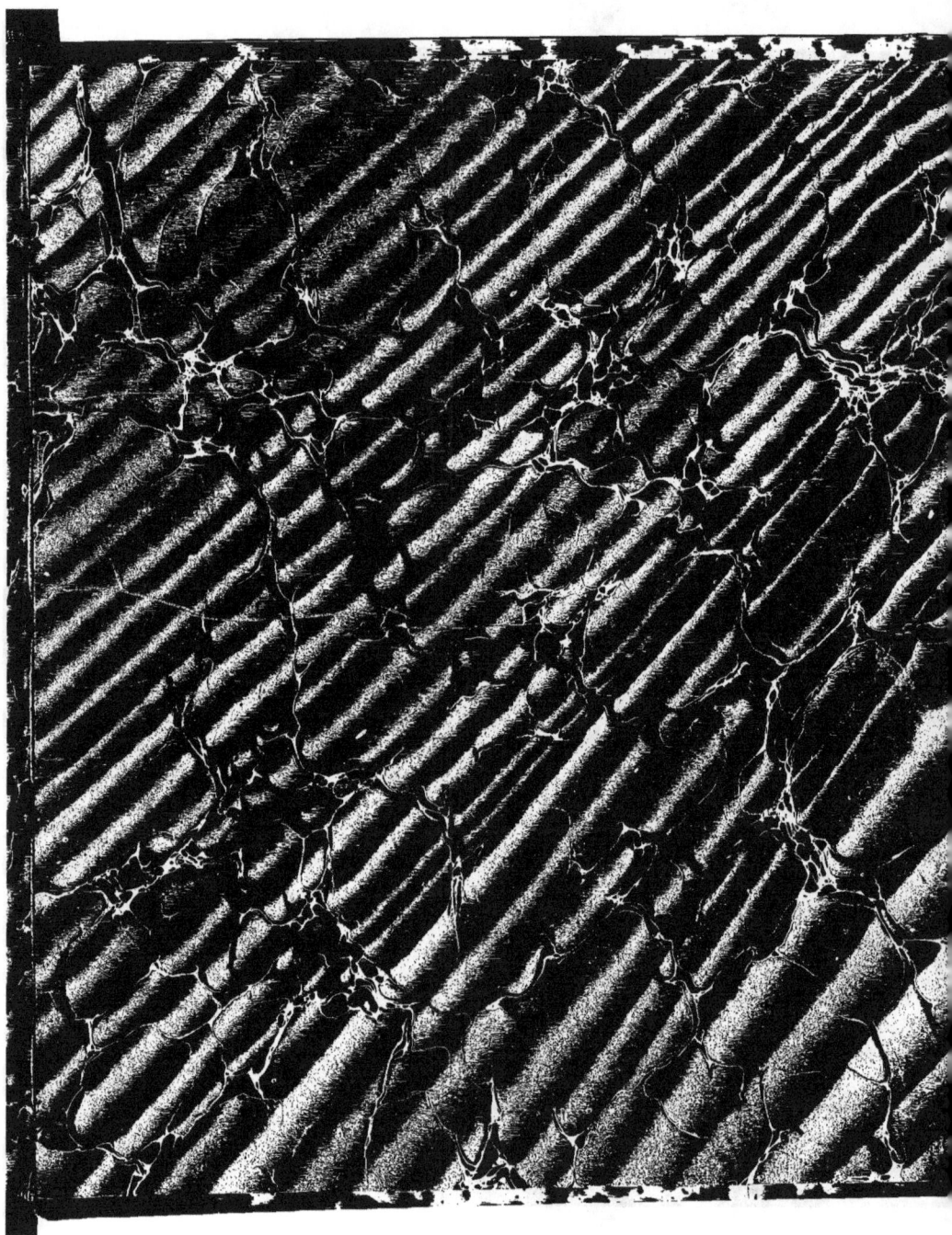